Schule
Einbahnstraße
30
ZONE
STOP
30
Schule
ZONE
Schule
30
H
STOP
Einbahnstraße

Dieses Buch gehört:

____

Wir danken der Verkehrswacht Münster
für die fachkundige Beratung.

FSC
www.fsc.org
MIX
Papier aus verantwortungsvollen Quellen
FSC® C106107

5 4 3 2 1   18 17 16 15 14
ISBN 978-3-649-61526-2

Hafenweg 30, 48155 Münster, Germany
CH: Baumgartner AG, Centralweg 16, 8910 Affoltern
Text: Christa Wißkirchen
Bilder: Thorsten Saleina
Redaktion: Susanne Tommes
Printed in Italy

www.coppenrath.de

Christa Wißkirchen

Wir passen auf im Straßenverkehr

Eine Mitmach-Geschichte mit Sachinformationen

Mit Bildern von Thorsten Saleina

COPPENRATH

Hallo, Schulkind!

Du gehst bald in die Schule und freust dich schon drauf? Prima. Da lernst du viele schöne und wichtige Sachen. Aber wie kommst du eigentlich jeden Tag dorthin? Weil Kinder keine Flügel haben und nicht einfach in die Schule fliegen können, müssen sie sich zu Fuß auf den Weg machen oder mit dem Rad oder Roller fahren, und das geht nur auf der Straße. Oha, die Straße! Da ist allerhand los.

Sicher warst du schon einmal in deiner Schule, ein Erwachsener hat dich mitgenommen und für dich aufgepasst. Aufpassen kannst du aber auch selbst, denn du wirst ja immer größer. Bald kennst du dich im Verkehr aus und weißt, worauf man achten muss, damit nichts passiert.

Lukas und seine Schwester Maja führen dich jetzt durch die Stadt bis zu ihrer Schule. Auch nachmittags und am Wochenende sind die beiden im Straßenverkehr unterwegs. Sie zeigen dir, was wichtig ist. Na, dann: Augen auf! Ohren auf! Es geht los.

Bist du fit? Dann komm mit! „Weißt du auch, was das Wichtigste auf dem Schulweg ist?“, fragt Lukas und gibt gleich selbst die Antwort: „Gucken, gucken und noch mal gucken! Du kannst natürlich auch ein Liedchen pfeifen, deinen Freunden etwas erzählen, dich am Kopf kratzen, ein Bonbon lutschen oder auch an was Schönes denken.“

„Aber es gibt auch ein paar Sachen“, sagt Maja, „die solltest du niemals machen, wenn du im Straßenverkehr unterwegs bist, zum Beispiel: Würstchen essen, Bücher lesen, Nachlaufen spielen, Bälle werfen, rückwärtsgehen, Boxkämpfe machen, Mäuse fangen oder Hunde ärgern. Dabei kann man sich ja nicht auf den Verkehr konzentrieren, und das kann böse enden.
Und wer will schon mit Gipsbein im Krankenhaus landen!?“ Jetzt machen sich Lukas und Maja auf den Weg zur Schule. Klar, dass sie den Gehweg benutzen!

Auf dem Gehweg ist was los!

Der Gehweg ist eigentlich zum Gehen da. Aber nicht nur Fußgänger dürfen ihn benutzen. Schau mal, wer da sonst noch unterwegs ist. Oh je! Das Baby hat seine blaue Mütze verloren. Findest du sie? Wer kommt am langsamsten vorwärts? Wie viele Tiere entdeckst du? Und was ist mit dem Auto los? Übrigens: Auf Ältere und Menschen mit Behinderung sollten die anderen Rücksicht nehmen.

Sicher auf dem Gehweg unterwegs

Autos dürfen auf dem Gehweg nicht fahren und auch nicht parken. Aber sie sausen ziemlich dicht daran vorbei, deshalb gehen Lukas und Maja auf der sicheren Seite, also nicht am Bordstein entlang. Doch auch hier müssen sie aufpassen.

Achtung! Da kommt ein Auto aus einer Einfahrt. Lukas und Maja bleiben sofort stehen. Die Fahrerin hat die beiden Kinder gesehen und lässt sie zuerst vorbei. Ein Stückchen weiter zuckt Lukas plötzlich zusammen. Ein Hund ist an einem Zaun hochgesprungen und hat ihn ganz schön erschreckt. Zum Glück bleibt Lukas ruhig und rennt nicht vor Schreck auf die Straße.

Auf der Straße musst du nicht nur selbst gucken und gut aufpassen. Du musst auch dafür sorgen, dass die Autofahrer dich gut sehen können. Am besten trägst du eine gelbe, rote oder knallgrüne Jacke mit Leuchtstreifen oder eine Leuchtweste über deiner Jacke. Dein Ranzen sollte Reflektoren haben.

„Guck mal, meine neuen Schuhe", strahlt Maja. „Super", staunt Lukas, „die blinken ja hinten am Absatz! Genau richtig, wenn der Herbst kommt und es morgens noch nicht richtig hell ist." Stimmt. Und noch dunkler wird es im Winter. Wenn du dann dunkle Sachen ohne Reflektoren trägst, kann es passieren, dass ein Autofahrer dich erst im letzten Moment wahrnimmt und nicht mehr bremsen kann. Mit Leuchtsachen sieht er dich schon von Weitem.

An der Ampel

Lukas und Maja kommen jetzt an eine Straße mit viel Verkehr. Zum Glück steht hier eine Fußgängerampel. So brauchen sie nur auf den Knopf zu drücken und zu warten, bis es für sie grün wird und die Autos anhalten.

„Heute tu ich mal so, als ob ich blind wäre“, sagt Lukas und bleibt an der Ampel stehen. Er macht die Augen zu und tastet nach dem gelben Knopf. Nach einer Weile ruft er: „Aha, es brummt!“ Dieses Geräusch macht die Ampel für Blinde, die das rote und grüne Männchen nicht sehen können. In anderen Städten hört man ein lautes Ticken oder einen Piepston, das ist verschieden. Damit Blinde die Ampel mit ihrem Stock finden können, ist der Gehweg oft besonders gepflastert.

Jetzt aber Augen auf und über die Straße! Kann man da etwas falsch machen? Ein bisschen schon. Maja und Lukas wissen noch, was die Verkehrspolizistin ihnen erklärt hat, als sie in der ersten Klasse zu Besuch war: Nicht einfach mit einem Affenzahn losrennen – da könnte man mitten auf der Straße plötzlich stolpern und hinfallen. Aber Trödeln ist auch nicht gut.

„Was ist, wenn gerade beim Hinübergehen die Ampel auf Rot springt?“, hat Lukas damals gefragt. „Muss man dann umkehren?“ „Nein, nein“, hat die Polizistin gesagt, „man geht einfach ruhig weiter.“

„Guck mal, da hinten ist eine ganz komische Ampel“, ruft Lukas und zeigt in eine andere Straße. „Da ist ein Bahnübergang“, weiß Maja. „Wenn ein Zug kommt, leuchtet die Ampel rot. Jetzt darf niemand mehr die Gleise überqueren. Dann gehen die Schranken herunter.“ „Ach so“, sagt Lukas, „und wenn der Zug vorbeigefahren ist, geht die Ampel aus und die Schranke wieder hoch.“ „Genau“, sagt Maja und sie gehen weiter.

Am Zebrastreifen

Wieder müssen Lukas und Maja eine Straße überqueren. Hier ist jedoch weit und breit keine Ampel zu sehen. Was machen die beiden jetzt? Sie gehen zu einem weiß-blauen Schild, das bedeutet, hier gibt es einen Zebrastreifen, einen Fußgängerüberweg.

Weißt du schon, wie man ihn richtig benutzt? Die Autos müssen am Zebrastreifen anhalten, wenn Fußgänger hinüberwollen. Und das sollen sie den Autofahrern zeigen. „So mache ich das“, sagt Lukas. „Ich stelle mich an den Straßenrand und schaue zuerst nach links. Wenn ein Auto kommt, hebe ich den Arm und schaue zum Autofahrer hin. Hat er mich gesehen? Ja, er bremst und hält an.“ „Du musst aber auch nach der anderen Seite gucken!“, sagt Maja. „Von rechts kann ja auch was kommen.“ Jetzt halten die Autos an und die beiden können hinübergehen.

So viele parkende Autos!

Sind wir schon an der Schule? Gleich, nur noch einmal um die Ecke und über eine kleinere Straße. Au weia! Hier gibt es keine Ampel und keinen Zebrastreifen und dann parken auch noch jede Menge Autos am Straßenrand. Wie blöd, da kann man die Fahrbahn gar nicht richtig überblicken!

„Hier müssen wir eben aufpassen wie ein Luchs", sagt Maja. „Wozu haben wir Augen und Ohren?" „Mir nach!", kommandiert Lukas. „Ich bin der große Häuptling Findepfad. Wir suchen jetzt eine Lücke, pirschen uns zwischen den parkenden Autos nach vorn und spähen auf die Straße: links, rechts und noch mal links. Ist die Luft rein, keine gefährlichen Motorbüffel in Sicht? Dann los!"

Verkehrshelfer

„Da drüben ist unsere Schule!“, sagt Maja. „Und der Verkehrshelfer ist auch schon da.“ Man erkennt ihn an seiner leuchtend orangefarbenen Weste und Kappe. „Hallo, David!“, rufen Lukas und Maja. An vielen Schulen gibt es Verkehrshelfer. Das sind Erwachsene oder Jugendliche, die den Kindern vor Schulbeginn und nach Schulschluss über die Straße helfen. David wartet, bis ein Grüppchen zusammen ist, dann tritt er auf die Straße und hebt seine Kelle als Zeichen für die Autofahrer. Die müssen nun anhalten und die Schüler können die Straße sicher überqueren.

„Kann ich so was auch machen?“, fragt Maja. „Jetzt noch nicht“, erklärt David. „Erst wenn du 13 Jahre alt und im siebten Schuljahr bist, kannst du dich melden und bei der Polizei alles lernen, was du dafür wissen musst.“ „Was denn zum Beispiel?“, fragt Lukas. „Die wichtigsten Verkehrsregeln“, antwortet David, „aber auch, wie schnell ein Auto bremsen kann, solche Sachen eben.“

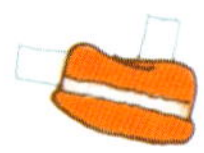

Der „Laufbus“

Für morgen haben sich Lukas und Maja mit drei anderen Kindern verabredet. Sie wollen zusammen den „Laufbus“ ausprobieren. Was ist denn das? Einige Kinder versammeln sich morgens an einem bestimmten Treffpunkt und machen sich von dort aus gemeinsam mit einem Erwachsenen auf den Weg zur Schule.

Es gibt mehrere Haltestellen, an denen neue Kinder dazukommen, und sogar verschiedene Linien. Der „Katzenbus“ geht zum Beispiel einen anderen Weg als der „Hundebus“, je nachdem, wo die Kinder wohnen. Das ist nicht nur lustig, sondern auch eine gute Sache, weil so weniger Kinder einzeln mit dem Auto gebracht werden. Dann gibt es weniger Gedränge vor dem Schultor.

Welcher Schulweg ist der sicherste?

Wenn Lukas und Maja in einen Hubschrauber steigen würden, könnten sie ihren Schulweg von oben sehen und aufmalen. Auch deinen Schulweg kann man aufzeichnen und dann siehst du: Der kürzeste Weg ist nicht unbedingt der sicherste. Oft ist es besser, ein paar Schritte mehr zu machen und dafür an einer Ampel oder einem Zebrastreifen die Straße zu überqueren.

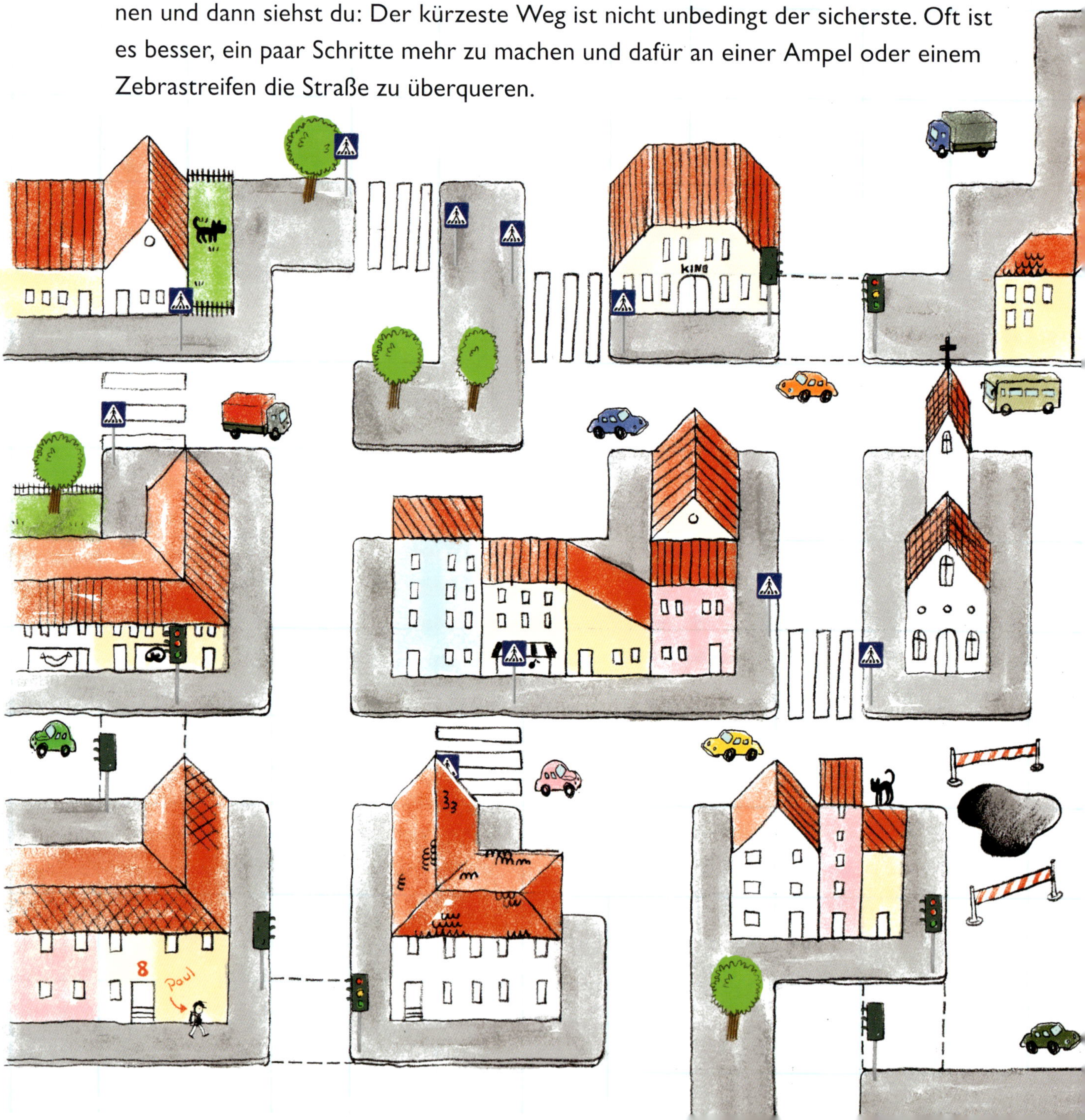

Auf diesem Bild siehst du ein Stück von einer Stadt. Im Haus mit der Nummer 8 wohnt Paul. Findest du für ihn den sichersten Weg zu Schule?

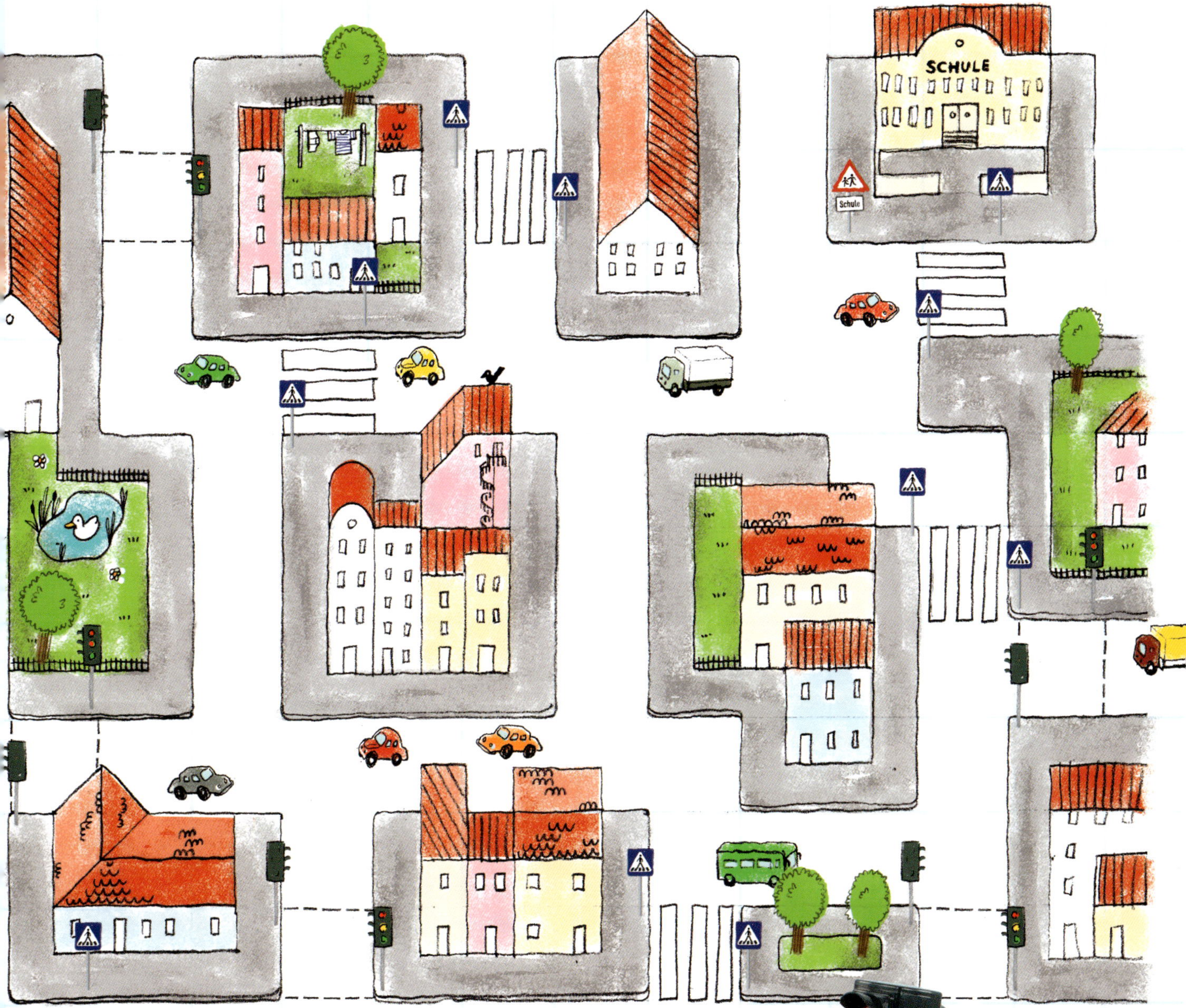

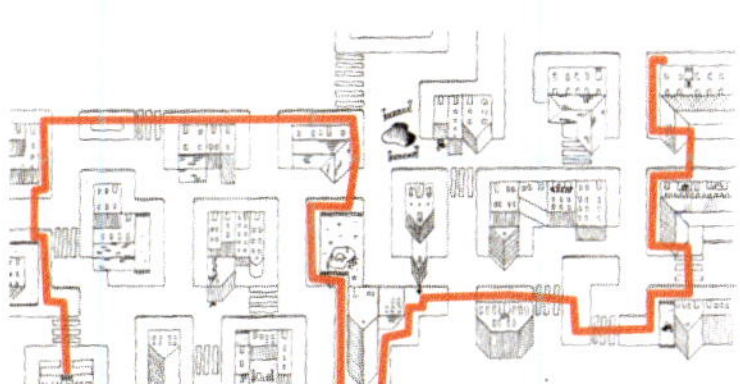

Lösung:

Rikscha, Tandem, Trekkingrad

So viele verschiedene Fahrräder! Welche davon hast du schon einmal gesehen? Schau mal, drei Leute tragen den gleichen Fahrradhelm. Kennst du eins der Länder, in denen der Mann mit dem Trekkingrad unterwegs war? Und was haben die beiden in der Rikscha vor?

Das Fahrrad fit machen

Hast du schon ein Fahrrad oder wünschst du dir eins? Dann komm mit in den Park! Lukas und Maja haben sich dort mit ihren Freunden Tim, Jette und Ole verabredet, um das Radfahren ein bisschen zu trainieren. Jettes Papa Björn ist auch da. „Ich habe mein Werkzeug dabei“, sagt er. „Bevor ihr losfahrt, möchte ich prüfen, ob mit euren Rädern alles in Ordnung ist.“

Tims Fahrrad ist als Erstes dran. „Wir gucken jetzt, ob Sattel und Lenker richtig eingestellt sind“, erklärt Björn. „Pass auf, ich halte dein Fahrrad fest und du setzt dich drauf.“ Aha, bei Tim stimmt alles: Wenn er auf dem Sattel sitzt, kann er mit den Zehen die Erde berühren. Der Lenker ist so hoch, dass Tim bequem sitzen kann und einen guten Überblick hat. Kommt er mit seinen Fingern auch gut an die Handbremse und die Klingel? Kann er den Hebel der Handbremse leicht betätigen? Ja, das klappt alles. Super!

Doch Björn ist längst noch nicht fertig. Damit er nichts vergisst, angelt er eine Checkliste aus seiner Hemdtasche.

- Sitzen alle Schrauben und Schnellspanner fest?
- Funktionieren Rücktritt, Handbremse und Klingel?
- Leuchten Scheinwerfer und Rücklicht?
- Haben Lampen, Pedale und Speichen genügend Reflektoren?
- Ist genug Luft auf den Reifen?

Dann sind die Fahrräder der anderen Kinder an der Reihe. Majas Hinterrad wird aufgepumpt, Jettes Scheinwerfer bekommt ein neues Glühlämpchen und für Lukas hat Björn einen Speichenreflektor dabei.

Echt schrottreif!

Sind jetzt alle startklar? Nein, oh weia – Oles Fahrrad sieht richtig schlimm aus! Das kann Björn nicht so schnell reparieren. Darum spielt Ole heute für die anderen den Verkehrspolizisten und schiebt sein Fahrrad später nach Hause. Entdeckst du, was alles an seinem Fahrrad kaputt ist?

Kaputt sind: der Sattel, die Klingel, das Kabel am Dynamo, einige Speichen vorn und hinten, das Rücklicht, der Speichenreflektor vorn, die Kette (locker und rostig), der Reifen hinten (platt, weil ein Nagel drinsteckt) und die Luftpumpe. Außerdem fehlen: zwei Speichenreflektoren hinten und einer vorn, die Ventilkappe vorn und ein Pedal.

Los mit Helm!

Jetzt kann's aber endlich losgehen! „Halt! Zuerst setzt ihr eure Helme auf!", ruft Jettes Papa. „Wenn ihr hinfallt, schützen sie euch vor einer schweren Gehirnerschütterung und anderen Kopfverletzungen." Wichtig ist, dass der Helm richtig auf dem Kopf sitzt. Er darf nicht in die Stirn oder in den Nacken rutschen, sonst nützt er nichts.

Tragen alle Kinder feste Schuhe? Ja, prima. Lockere Schlappen auf dem Rad wären nämlich ganz schön gefährlich. Profis würden mit so etwas niemals in die Pedale treten, übrigens auch nicht mit lose herumflatternden Jacken oder Tüchern. Die könnten in den Speichen hängen bleiben, sodass man sich böse auf die Nase legt.

Jetzt wollen die Kinder aber endlich losfahren. Hier ist ein schöner freier Platz, da kann man ungestört alles üben: aufsteigen, absteigen, bremsen, Kurven fahren … Maja, Lukas, Tim, Jette und Ole haben zusammen einen kleinen Parcours fürs Training aufgebaut. Hier muss man Schlangenlinien um verschiedene Sachen fahren, über ein schmales Brett radeln und an der aufgemalten Straßenecke die Hand beim Abbiegen ausstrecken. Achtung! Dabei muss man ein Stückchen einhändig fahren, ohne zu wackeln. Das übt man am besten schon mal vorher.
Und jetzt: Rauf aufs Rad!

Verkehrsregeln für Radfahrer

Jetzt brauchen alle erst einmal eine Pause. Super, dass Jettes Papa nicht nur Werkzeug, sondern auch für jeden einen Schokoriegel mitgebracht hat. Doch bevor alle hineinbeißen, gibt's noch ein kleines Quiz.

Wo sollen Kinder mit dem Fahrrad fahren?

Auf dem Gehweg. Bis zum achten Geburtstag müssen Kinder dort fahren.

Und wenn sie älter sind?

Bis zum zehnten Geburtstag dürfen sie immer noch auf dem Gehweg fahren, danach müssen sie auf die Straße. Wenn ein Fahrradweg da ist, müssen sie ihn benutzen.

Haben Kinder auf dem Gehweg Vorfahrt?

Nein, sie müssen auf Fußgänger Rücksicht nehmen.

Wie überquert ein Kind mit dem Fahrrad die Straße?

Es muss absteigen und sein Fahrrad hinüberschieben.

Während sich alle die Schokolade schmecken lassen, fragt Björn: „Gibt es auch Sachen, die nicht von der Polizei vorgeschrieben, aber trotzdem wichtig sind?“ Die Kinder überlegen. „Wenn man das Fahrrad nicht abschließt, kann es einer klauen“, sagt Lukas. Und Maja erzählt: „Ich hab mal gesehen, wie ein Mann auf dem Gepäckträger einen Kaninchenkäfig transportieren wollte. Das war so wackelig, dass der Mann fast umgekippt wäre. So große Sachen auf dem Fahrrad mitnehmen, das geht nicht.“

„Ihr seid ja schon richtige Profis“, sagt Björn. „Aber eine Bitte habe ich: Fahrt nie freihändig, das ist zu gefährlich. Versprecht ihr mir das?“ „Großes Ehrenwort!“, ruft Ole. Während sie sich gemeinsam auf den Weg nach Hause machen, erzählt Jette: „Mein Bruder ist im vierten Schuljahr und macht nächste Woche die Fahrradprüfung. Dann kommt die Polizei in die Schule und die Kinder müssen auf der Straße alles richtig vormachen.“ Die fünf Freunde nehmen sich vor, dafür gut zu trainieren.

Hier brummt's und knattert's!

Klar: Im Straßenverkehr sind nicht nur Fußgänger und Radfahrer unterwegs, sondern auch jede Menge Fahrzeuge mit Motor. Schau mal, was hier alles brummt, tuckert und knattert. Da telefoniert ein Mann beim Fahren mit dem Handy. Viel zu gefährlich – verboten! Wenn die Polizei das sieht, muss er ein Bußgeld zahlen.

TAXI
POLIZEI
F4
POLIZEI
NOTARZT
NOTARZT
✆112
Robert Rose
Eis-Preis
Eis

Mit dem Bus fahren

Karla ist Majas Freundin. Sie wohnt in einem anderen Stadtteil und fährt deshalb mit dem Bus zur Schule. Gestern durfte Maja bei ihr übernachten und heute fahren sie zusammen mit dem Bus zur Schule. Das findet Maja superspannend. Karla zeigt ihr alles.

An der Haltestelle sind schon einige Kinder versammelt. Sie reden und lachen. Als einige anfangen, herumzutoben, sagt ein junger Mann: „Kinder, passt auf, da vorne kommt schon der Bus. Nicht so rennen, das ist gefährlich." Jetzt drängeln sich alle um den Einstieg. „He, schubs mich doch nicht so!", ruft ein kleiner Junge, aber der größere streckt ihm einfach die Zunge heraus. „Wollt ihr wohl anständig einsteigen!", schimpft der Fahrer. „Ihr kommt alle mit." Zwei Mädchen kichern und hopsen auf der Rückbank herum. „Der Bus ist kein Affenzirkus!", sagt der Fahrer. „Ich fahre erst los, wenn ihr ruhig sitzt."

Maja muss sich beim Busfahrer eine Fahrkarte kaufen, Karla hat ihre Fahrkarte in einem Brustbeutel um den Hals hängen, die braucht sie dem Fahrer nur zu zeigen. Dann suchen sich die beiden Mädchen schnell einen Sitzplatz. Denn eine Busfahrt kann ganz schön wackelig werden. Die Freundinnen wissen: Wenn kein Platz mehr frei ist, auf jeden Fall gut festhalten! Dafür gibt es Stangen und Haltegriffe.

Jetzt sind sie an der Schule angekommen und steigen aus. Maja will gleich über die Straße laufen, aber Karla sagt: „Wir lassen erst den Bus abfahren. Der ist so groß, da sieht man die Straße gar nicht richtig. Manche Autofahrer denken auch nicht daran, dass sie am besten hinter dem Bus warten sollten."

Wer fährt alles mit?

Nach Schulschluss will Karla mit dem Bus zurück nach Hause fahren. Der wird heute ganz schön voll werden. Schau dir mal das Gedränge an der Haltestelle an. Kannst du zählen, wie viele Menschen dort warten? Aber niemanden vergessen! Vielleicht hast du ja auch eine Idee, was die Leute vorhaben. Wer will ins Schwimmbad, wer zum Musikunterricht und wer zum Supermarkt? Wer geht zum Geburtstag, wer ins Büro?

Siehst du auch Lukas und Maja? Sie warten gemeinsam mit Karla auf den Bus, weil sie ihr noch winken möchten. Dann gehen sie wie jeden Tag zu Fuß nach Hause.

Mit der Straßenbahn zum Fußballstadion

Auf diesen Nachmittag hat sich Lukas schon die ganze Woche gefreut: Er darf mit Papa ins Stadion zu einem Fußballspiel fahren. Dorthin kommt man am besten mit der Straßenbahn. Anders als ein Bus besteht eine Straßenbahn aus mehreren Waggons und fährt auf Schienen. Kein Wunder, dass eine Fahrt mit der Straßenbahn meist weniger wackelig ist als mit dem Bus!

„Kaufen wir die Fahrkarte beim Fahrer?“, will Lukas wissen. „Nein“, sagt sein Papa, „der Fahrer sitzt in einer Kabine und hat kaum Kontakt zu den Fahrgästen. Die Fahrkarten besorgen wir uns am Automaten.“ Die beiden werfen Münzen hinein und sofort purzeln die Fahrkarten heraus. Da hält auch schon die Bahn. „Erst die anderen Leute aussteigen lassen, Lukas!“, sagt Papa. In der Bahn stempeln sie ihre Karten im Entwerter ab und finden gerade noch zwei freie Plätze.

Eine Stimme aus dem Lautsprecher sagt die Haltestellen an. An der nächsten Station steigt eine alte Dame mit einem Rollator ein. Sie schaut sich nach einem Sitzplatz um. Da sagt Papa leise zu Lukas: „Komm, wir stehen auf und machen Platz. Wir können uns auch an einer Stange festhalten.“ „Vielen Dank!“, freut sich die Frau.

Übrigens: Straßenbahnen sind von Stadt zu Stadt verschieden.

- In einigen Städten fahren sie auch unter der Erde. Dann ist die Straßenbahn für einen Teil der Strecke eine U-Bahn.
- Nicht alle Straßenbahnen sind nur in einer einzigen Stadt unterwegs. Einige fahren auch in Nachbarstädte.
- Straßenbahnen haben viele verschiedene Namen: Manche heißen Trambahn, Tramway oder einfach nur Tram. Woanders werden sie Bim oder Bimmelbahn, Drämmli oder Stadtbahn genannt. Was sagst du?

Mit dem Auto zu Opa

Am Sonntag fahren Lukas und Maja mit Mama und Papa zu Opas Geburtstag in einen anderen Ort. Das Auto steht schon am Straßenrand. Haben die vier alles dabei? Die Kuscheltiere dürfen mit auf die Rückbank, der Fußball, der Roller und Opas Geschenk kommen in den Kofferraum. So können die Sachen der Familie bei plötzlichem Bremsen nicht an den Kopf fliegen. „Dann also einsteigen, ihr zwei“, sagt Mama zu Lukas und Maja, „und bitte auf der Gehwegseite. Da steigt ihr später auch wieder aus, okay? Zur Fahrbahn hin wäre es zu gefährlich.“

Mama und Papa schauen, ob die Kinder in ihren Sitzen richtig angeschnallt sind, dann steigen sie auch ein und legen ihre eigenen Gurte an. Lukas und Maja wissen, dass man sich auch bei kurzen Strecken immer anschnallen muss. Wer das vergisst, bringt sich in Gefahr, und außerdem ist ein Bußgeld fällig, wenn die Polizei es merkt.

Hier die wichtigsten Anschnall-Regeln für Kinder im Auto:

- Kinder, die jünger als 12 Jahre und kleiner als 1,50 m sind, brauchen einen Kindersitz, der ihrer Größe und ihrem Gewicht entspricht.
- Der Kindersitz muss kippsicher befestigt sein und darf nicht verrutschen.
- Der Kopf darf nicht über die Rückenlehne hinausragen.
- Der Gurt sollte straff angezogen sein, aber nicht am Hals drücken.
- Dicke Winterjacken im Auto immer ausziehen, damit der Gurt gut halten kann.

Im Schilderwald

Lukas und Maja dürfen sich am Montag aus der Schulbücherei den Kasten mit den Verkehrszeichen ausleihen. Das sind ganz schön viele. „Hast du gemerkt, dass einige Schilder zusammenpassen?“, fragt Maja. „Ja, bei manchen sind die Farben gleich, bei anderen die Formen“, hat Lukas festgestellt.

Wie viele dreieckige Schilder siehst du?
Wie viele runde und wie viele viereckige?
Welche sind rot und weiß?
Welche sind blau und weiß?
Gibt es noch andere Farben?
Kannst du alle Verkehrszeichen zählen?

Wichtige Verkehrszeichen

Hier siehst du einige Verkehrszeichen, die jeder kennen muss, der sich mit einem Fahrzeug auf der Straße bewegt.

① **Vorfahrt gewähren:** An dieser Kreuzung oder Einmündung haben die Fahrzeuge auf der anderen Straße Vorfahrt. Man muss langsam fahren, und wenn auf der anderen Straße ein Fahrzeug kommt, muss man anhalten.

② **STOP:** Auch hier haben die Fahrzeuge auf der anderen Straße Vorfahrt. Aber anders als beim ersten Schild müssen hier alle Fahrzeuge zuerst einmal anhalten, und die Fahrer müssen schauen, ob der Weg frei ist. Das Stoppschild steht an einer besonders gefährlichen Kreuzung oder Einmündung.

③ **Vorfahrtstraße:** Wer auf dieser Straße fährt, hat Vorfahrt und darf an der Kreuzung weiterfahren. Die anderen müssen halten.

④ **Einbahnstraße:** Alle Fahrzeuge dürfen nur in der Richtung des Pfeils fahren.

⑤ **Verbot der Einfahrt:** Hier darf niemand hineinfahren. Manchmal ist es für Fahrräder trotzdem erlaubt. Dann steht das auf einem besonderen Schild darunter.

⑥ **Vorsicht Gefahr!** Dieses Schild warnt vor einer gefährlichen Stelle. Das kann eine scharfe Kurve sein, eine Fahrbahndecke mit Löchern oder irgendetwas, das die Sicht behindert.

⑦ **Andreaskreuz:** Hier ist ein Bahnübergang. Fast immer gibt es zusätzlich eine Schranke und eine Ampel, die auf Rot schaltet, bevor die Schranke heruntergeht.

Noch mehr Verkehrszeichen

Alle wollen vorwärtskommen im Straßenverkehr, alle müssen aber auch Rücksicht auf die anderen nehmen. Verkehrsschilder helfen dabei, dass sich jeder zurechtfindet. Diese Zeichen solltest du auch kennen:

Gehweg: Dieser Weg ist für Fußgänger. Fahrzeuge mit Motor sind hier verboten. Ausnahme: elektrische Rollstühle.

Radweg: Nur für Radfahrer. Immer benutzen, wenn einer vorhanden ist!

Gemeinsamer Geh- und Radweg: Diesen Weg benutzen Fußgänger und Radfahrer gemeinsam. Sie müssen aufeinander Rücksicht nehmen.

Durchgang für Fußgänger verboten: Dieses Schild findest du oft an sehr gefährlichen Straßen oder Unterführungen ohne Gehweg. Fußgänger dürfen hier nicht gehen.

Tempo 30: Hier dürfen alle Fahrzeuge höchstens 30 km pro Stunde schnell fahren. Tempo 30 gilt fast immer vor Schulen und Kindergärten.

Verkehrsberuhigter Bereich:
Hier müssen Autos besonders langsam fahren. Kinder dürfen auf der Straße spielen.

Haltestelle: Wenn hier ein Bus oder eine Straßenbahn hält, müssen Autofahrer und Fußgänger gut aufpassen.

Fußgängerüberweg:
Hier auf dem Zebrastreifen haben Fußgänger Vorrang.

Fußgängerzone:
Autos dürfen hier nicht fahren.

Radfahren verboten:
Diese Straße ist für Radfahrer gesperrt, weil sie zu gefährlich ist.

Auf der Straße spielen

Wenn Maja ihre Freundin Marlene besucht, nimmt sie die Inline-Skates mit. Denn Marlene wohnt in einer Straße, auf der Kinder spielen dürfen. Am Anfang der Straße steht ein großes blau-weißes Schild. Darauf sind ein Haus, ein Auto und spielende Kinder zu sehen. Das Schild zeigt, dass hier eine verkehrsberuhigte Straße ist. Alle Fahrzeuge müssen ganz besonders langsam fahren und Rücksicht auf die Kinder nehmen. Natürlich müssen die Kinder sie auch durchlassen. Einfach auf der Straße sitzen bleiben, wenn ein Auto kommt, das geht nicht, denn die ist ja für alle da.

„Eure Straße sieht viel gemütlicher aus als unsere", sagt Maja. „Wegen der Blumenkübel?", fragt Marlene. „Ja, und man sieht gar keinen Unterschied zwischen Gehweg und Fahrbahn. Die ganze Straße ist gepflastert wie ein Gehweg. Und es parken auch nicht so viele Autos hier. Schade, dass es nicht überall solche Straßen gibt." „Vorne an dem blauen Schild ist sie auch schon zu Ende, siehst du?", sagt Marlene. „Ab da müssen wir wieder besser aufpassen."

Kniffelige Situationen

Lukas erzählt: „Ich bin mal an einem Fußballplatz vorbeigegangen, da flog plötzlich ein Ball auf die Straße. Ein Auto kam heran und bremste und ich dachte schon: Oh weia, gleich passiert was! Aber der Junge, der den Ball geschossen hatte, war klug und blieb erst am Straßenrand stehen. Er wusste, dass er nicht einfach hinterherrennen darf."

Manchmal gibt es auf der Straße Überraschungen. Du kannst zwar nie genau wissen, was kommt, aber du kannst ja mal überlegen, was du in welchem Fall tun würdest.

Auf der anderen Straßenseite winken deine Freunde: Komm rüber!

Du winkst zurück, rennst aber nicht los, sondern schaust links – rechts – links, bevor du hinübergehst. Oder noch besser: Du gehst zur nächsten Ampel oder zum Zebrastreifen.

Du überquerst gerade die Straße.
Da kommt von Weitem ein Auto.

Nicht zurückrennen, sondern dem Fahrer entgegenschauen und ruhig weitergehen. Dann weiß er, was du vorhast.

Du kommst auf eine Straße ohne Gehweg. Auf welcher Seite gehst du?

Immer links am Rand, dann siehst du, was auf deiner Seite kommt, und die Autofahrer können dich sehen.

Ein großer Hund kommt dir entgegen, du hast ein bisschen Angst.

Nicht weglaufen, nicht mit den Armen fuchteln oder schreien! Am besten bleibst du ruhig stehen und machst gar nichts. Der Hund schnuppert vielleicht an dir und geht weiter.

Verrückter Verkehr

Jetzt ist das Buch gleich zu Ende. Damit du noch einmal richtig lachen kannst, haben Lukas und Maja hier ein großes Bild für dich, auf dem jede Menge Quatsch passiert. Guck mal!

Liebe Eltern!

Ihr Kind wird größer und löst sich allmählich von der begleitenden Hand. Das bringt Risiken und gelegentliche Sorgen, aber auch Freude mit sich. Kinder sind spontan und unberechenbar, manchmal leichtsinnig, manchmal auch ängstlich. Damit sie sich im Straßenverkehr sicher bewegen und alles richtig machen, müssen sie zunächst zusammen mit Erwachsenen Erfahrungen sammeln, lernen und üben.

Hier ein paar Tipps für das Schulwegtraining:

- Auffallende Farben und Reflektoren sorgen dafür, dass Ihr Kind gut gesehen wird.
- Wählen Sie für Ihr Kind den sichersten Schulweg aus. Ein kleiner Umweg lohnt sich auf jeden Fall, wenn er über Ampeln, Zebrastreifen oder Überwege mit Verkehrshelfern führt.
- Gehen Sie den Weg zusammen mit Ihrem Kind und erklären Sie ihm dabei Ihr Verhalten.
- Lassen Sie Ihr Kind auch selbst entscheiden, was es tun muss, und loben Sie es, wenn es die richtigen Vorschläge macht.
- Geben Sie selbst immer ein gutes Beispiel.
- Festigen Sie durch Wiederholen das richtige Verhalten. Haben Sie Verständnis, wenn nicht alles gleich klappt.

In den ersten Wochen brauchen die Kinder sicher noch erwachsene Begleitung. Benachbarte Eltern können sich gegenseitig unterstützen und abwechseln. Schicken Sie Ihr Kind früh genug los, damit es sich nicht beeilen muss.
Es macht Kindern mehr Spaß, wenn sie nicht allein, sondern in kleinen Gruppen gehen. So werden sie auch besser gesehen.

Das ist wichtig:

- Am Bordstein immer stehen bleiben!
- Warten, bis die Straße wirklich frei ist! Kinder können die Geschwindigkeit herankommender Fahrzeuge noch nicht einschätzen.
- An Zebrastreifen und Ampeln immer Blickkontakt mit den Fahrern suchen! Nur so können die Kinder sicher sein, dass die Autos wirklich anhalten.
- Die eigene Absicht deutlich anzeigen, zum Beispiel durch Heben des Arms!

Und nun wünschen wir Ihnen Mut, Umsicht und Geduld für die verantwortungsvolle Aufgabe, Ihr Kind fit für den Straßenverkehr zu machen. Damit entlassen Sie es ein Stück weit in die Selbstständigkeit – und das ist ein großer Gewinn.

Allen Schulkindern wünschen wir viel Glück auf allen Wegen!

STOP
ZONE
H
Schule
Einbahnstraße
H
30
Schule
STOP
STOP
H
Einbahnstraße
Schule
H
ZONE